AF582078

DE LA NÉCESSITÉ D'INSTITUER

UN

SERVICE SANITAIRE VÉTÉRINAIRE

POUR TOUTE LA FRANCE

DE LA NÉCESSITÉ D'INSTITUER

UN

SERVICE SANITAIRE VÉTÉRINAIRE

POUR TOUTE LA FRANCE

AYANT POUR OBJET

D'ÉTUDIER, DE PRÉVENIR ET DE COMBATTRE LES ENZOOTIES
ET LES ÉPIZOOTIES

PROJET D'ORGANISATION DE CE SERVICE

Par URBAIN LEBLANC

MÉDECIN VÉTÉRINAIRE A PARIS
MEMBRE DE L'ACADÉMIE DE MÉDECINE ET DE LA SOCIÉTÉ IMPÉRIALE ET CENTRALE
DE MÉDECINE VÉTÉRINAIRE

PARIS
TYPOGRAPHIE DE RENOU ET MAULDE
144, RUE DE RIVOLI, 144

—

1870

DE LA NÉCESSITÉ D'INSTITUER UN SERVICE SANITAIRE VÉTÉRINAIRE POUR TOUTE LA FRANCE

Depuis très-longtemps, l'Administration centrale de l'agriculture avait dans ses attributions tout ce qui était relatif aux enzooties et aux épizooties, notamment le *règlement des frais de traitement* de ces maladies ; par conséquent, le règlement des honoraires des vétérinaires.

Le décret du 25 mars 1852 sur la décentralisation a modifié cet état de choses : les frais dont il vient d'être question sont devenus à la charge des budgets particuliers des départements. L'Administration centrale a été ainsi privée de l'un des moyens d'être renseignée sur tout ce qui a rapport aux enzooties et aux épizooties. Pour obvier au manque de renseignements qu'elle ne pouvait plus se procurer par cette voie, elle a adressé à tous les préfets, en 1855 et en 1864, les circulaires que je vais transcrire textuellement.

« Paris, 27 août 1855.

« Monsieur le Préfet,

« Parmi les services compris dans le décret du 25 mars 1852 sur la « décentralisation administrative, figure celui des épizooties, en ce qui « touche le règlement des frais qu'exige le traitement de ces maladies, « particulièrement celui des honoraires des vétérinaires.

« *Imputables sur les budgets particuliers des départements, les frais* « *de cette nature étaient précédemment réglés, préalablement au paie-* « *ment, par l'Administration de l'agriculture, qui avait ainsi le moyen* « *de se tenir à peu près au courant des principales épizooties dont l'in-* « *vasion s'était déclarée sur tous les points du territoire.*

« Ces communications ayant dû cesser depuis la décentralisation, « l'Administration n'est plus instruite que très-irrégulièrement et im- « parfaitement des cas de maladies épizootiques qui viennent à se pro-

« duire. Et cependant ces informations auraient, sans nul doute, une « très-grande importance, à cause des nombreux éléments utiles qu'elles « ne sauraient manquer de fournir à l'étude des questions si multi- « pliées qui intéressent la production, le perfectionnement et la con- « servation de nos races d'animaux domestiques.

« D'après ces motifs, j'ai pensé qu'il convenait d'inviter MM. les « préfets à transmettre à mon ministère, au commencement de chaque « année, un rapport sur les maladies qui ont attaqué les diverses es- « pèces de bétail dans leurs départements, sous la forme épizootique « ou enzootique, pendant l'année précédente.

« Ce rapport, qui, si cela paraît préférable pour plus de facilité et « de clarté, pourra être présenté en forme de tableau, devra indiquer « le nom, la nature, la marche, les symptômes et la durée de la mala- « die, son caractère contagieux ou non contagieux, son mode de ter- « minaison le plus ordinaire, le nombre approximatif et proportionnel « des pertes qu'elle a fait éprouver, la description des lésions cadavé- « riques les plus essentielles et les plus communes qu'elle a laissées « sur les sujets qui ont succombé, les méthodes de traitement préser- « vatif ou curatif, hygiénique ou médical, à l'aide desquelles elle a été « combattue avec plus ou moins de succès, le parti qu'il a été possible « de tirer des animaux guéris, morts ou abattus, les mesures de police « sanitaire qui ont été prescrites contre elle, les lois, décrets, arrêtés « ou règlements en vertu desquels ces mesures ont été appliquées, etc. « Le premier rapport, que je désire recevoir le plus promptement « possible, devra embrasser les années 1852, 1853 et 1854, afin de « commencer la série complète des rapports annuels depuis 1852.

« J'ai l'honneur de vous prier, Monsieur le Préfet, de vouloir bien « m'accuser la réception de la présente circulaire, et vous occuper « dès à présent de l'exécution des dispositions qu'elle contient.

« Recevez, Monsieur le Préfet, l'assurance de ma considération la « plus distinguée.

« *Le Ministre de l'agriculture, du commerce*
« *et des travaux publics,*
« ROUHER. »

« Paris, le 25 juin 1864.

« Monsieur le Préfet,

« Par une circulaire en date du 27 août 1855, mon honorable pré-
« décesseur a invité MM. les préfets à lui adresser, au commence-
« ment de chaque année, un état des maladies épizootiques ou enzoo-
« tiques qui ont sévi sur le bétail dans leurs départements pendant
« l'année précédente.

« Ces états sont entièrement distincts des états de mortalité d'ani-
« maux par suite de toute espèce de maladies ou d'accidents, compris
« dans les communications relatives aux quatre natures de sinistre
« sous lesquelles sont groupées les pertes les plus habituellement éprou-
« vées par notre industrie rurale, renseignements que réunit la division
« de la statistique générale de France, à l'effet d'établir le bilan de la
« production et de la richesse du pays, avec l'appréciation des causes
« qui ont pu exercer sur elles une influence quelconque.

« Les relevés dont il s'agit sont destinés à l'Administration de l'agri-
« culture, et leur but est de servir à étudier les circonstances dans
« lesquelles se développent et se propagent, ou s'éteignent et dispa-
« raissent des maladies qui, par leur caractère de généralité, leur ori-
« gine mystérieuse et leurs suites ordinairement plus ou moins meur-
« trières, constituent souvent de véritables fléaux.

« Cependant, Monsieur le Préfet, je crois utile de simplifier et de
« réduire le cadre qui a été primitivement fixé pour les tableaux dont
« il est ici question.

« Tout d'abord, il est bien entendu que ces documents ne devront
« contenir exclusivement que les maladies ayant sévi à l'état épizoo-
« tique ou enzootique. Maintenant, il suffira d'énoncer sommairement
« pour chacune d'elles son nom, sa durée moyenne, l'espèce de bétail
« qu'elle a attaquée, son caractère contagieux ou non contagieux, ses
« causes présumées, son mode de terminaison le plus ordinaire, le
« nombre approximatif proportionnel des pertes qu'elle a fait subir, le
« parti que l'on a pu communément tirer des animaux guéris, morts
« ou abattus, les mesures de police sanitaire qui ont été prescrites, s'il
« y a eu lieu, enfin les lois, décrets, arrêtés ou règlements en vertu
« desquels ces mesures ont été appliquées.

« J'ai l'honneur de vous prier, Monsieur le Préfet, si votre préfec-
« ture n'a pas encore produit à mon ministère, pour les années 1862
« et 1863, les tableaux rappelés dans la présente circulaire, de vouloir
« bien me les transmettre, le plus promptement possible, dans la nou-
« velle forme que je viens d'indiquer, et en mentionnant en marge des
« lettres d'envoi leur destination à la direction de l'agriculture.

« Recevez, Monsieur le Préfet, l'assurance de ma considération la
« plus distinguée.

« *Le Ministre de l'agriculture, du commerce*
« *et des travaux publics*,
« ARMAND BÉHIC. »

On voit, par ces deux circulaires, que l'Administration centrale, privée jusqu'à un certain point, par le décret du 25 mars 1852, des moyens qu'elle avait employés jusqu'alors pour recueillir le plus grand nombre de documents possible sur les enzooties et les épizooties, avait cherché de nouvelles voies pour atteindre le but si louable et si important qu'elle se proposait, c'est-à-dire l'étude des causes des maladies qui produisent de si grandes pertes, l'étude des moyens de faire cesser ces causes et de guérir les animaux devenus malades par suite des influences morbifiques qni agissent sur un plus ou moins grand nombre d'animaux à la fois.

Il était évident que des recherches sur ces immenses questions ne pouvaient être bien fructueuses qu'en fournissant les moyens de formuler des règles, des lois générales. Or, comme il faut un très-grand nombre de faits et d'observations pour arriver à une conclusion réellement utile, des notions recueillies seulement dans une contrée limitée, très-peu étendue, dans un département, par exemple, n'autoriseraient pas une pareille conclusion, qui, dans certain cas, devrait servir de motif à des mesures administratives d'un *intérêt général. Si la décentralisation est utile dans diverses circonstances, ce n'est pas lorsqu'il s'agit de résoudre des questions relatives aux épizooties, ni même aux enzooties, qui ne bornent pas leurs ravages aux lignes tracées par le cadastre pour circonscrire des départements, des arrondissements, des cantons, des communes; ce n'est pas, surtout, lorsqu'il s'agit de prendre des mesures contre l'envahissement par contagion médiate ou immédiate de certaines maladies. Ces mesures ne doivent pas seulement dépendre des maires, des sous-préfets et des préfets, qui ne devraient être que des chefs de postes avancés, obéissant à une consigne permanente émanant d'un pouvoir central, pour faire immédiatement des soldats aguerris et vigilants, appartenant à une armée bien organisée, homogène, bien et suffisamment payée ; seulement, le chef suprême devrait être entouré d'un conseil compétent. L'uniformité dans la composition et dans l'action de cette armée est la condition indispensable de son efficacité.* C'est ce que je démontrerai tout à l'heure, après avoir exposé le résultat obtenu à la suite des deux circulaires ministérielles de 1855 et de 1864, et notamment après la circulaire de 1864 ; car je n'ai eu sous les yeux que les documents adressés par les préfets en 1864, 1865, 1866, 1867 et 1868.

Presque tous les préfets, les uns pendant chacune de ces cinq années, les autres pendant une partie de ces mêmes années seulement, ont adressé un rapport à Son Excellence le ministre de l'agriculture, du commerce et des travaux publics, en réponse aux circulaires de 1855 et de 1864. Huit préfets n'ont pas répondu ; ce sont : les préfets des Basses-Alpes, du Cher, de la Corrèze, du Doubs, de l'Indre, des Landes, du Bas-Rhin et de la Seine. Trente-sept préfets n'ont envoyé de rapports que pour quelques-unes de ces années ; savoir : les Alpes-Maritimes, une année ; l'Ardèche, deux années ; les Ardennes, quatre années ; l'Aude, trois années ; le Calvados, quatre années ; la Charente, quatre années ; la Charente-Inférieure, trois années ; la Corse, deux années ; la Côte-d'Or, trois années ; le Finistère, quatre années ; le Gard, quatre années ; le Gers, deux années ; la Gironde, deux années ; l'Hérault, trois années ; l'Ille-et-Vilaine, deux années ; l'Indre-et-Loire, une année ; l'Isère, deux années ; les Landes, une année ; le Loir-et-Cher, quatre années ; la Haute-Loire, trois années ; la Loire-Inférieure, deux années ; le Lot, quatre années ; le Lot-et-Garonne, une année ; le Maine-et-Loire, quatre années ; la Marne, trois années ; la Mayenne, une année ; la Nièvre, deux années ; l'Oise, deux années ; le Puy-de-Dôme, trois années ; les Hautes-Pyrénées, une année ; les Pyrénées-Orientales, quatre années ; Saône-et-Loire, deux années ; Seine-et-

Oise, trois années; les Deux-Sèvres, quatre années; le Tarn, quatre années; le Tarn-et-Garonne, trois années; l'Yonne, quatre années.

Les préfets qui ont répondu ont *interprété de diverses manières les circulaires*, qui leur laissaient, du reste, une certaine latitude. En général, cependant, ils ont adopté la forme de tableaux pour les rapports qu'ils ont adressés au Ministre. *Mais que de variations dans les dispositions de ces tableaux, dans l'ordre suivi pour classer les renseignements*, quoique, d'après la dernière circulaire, celle de 1864, la marche à suivre était assez explicitement indiquée. Ainsi il y était dit que, dans les documents (les tableaux), *il suffisait d'énoncer sommairement, pour chaque maladie, le nom, la durée moyenne, l'espèce du bétail qu'elle a attaqué, son caractère contagieux ou non contagieux, ses causes présumées, son mode de terminaison le plus ordinaire, le nombre approximatif proportionnel des pertes qu'elle a fait subir, le parti que l'on a pu tirer des animaux guéris, morts ou abattus, les mesures de police sanitaire qui ont été prescrites, s'il y a eu lieu; enfin les lois, décrets, arrêtés ou règlements en vertu desquels ces mesures ont été appliquées.* Au lieu de suivre ce plan, ce programme, dans la confection des tableaux, chaque préfet a adopté *un cadre particulier qui n'a guère permis de comparer les documents fournis par un département avec ceux fournis par d'autres départements.* Ces cadres étaient tantôt imprimés, tantôt manuscrits. Les tableaux débutaient, les uns par la désignation des maladies, les autres par l'indication des espèces d'animaux; d'autres par les localités, soit la commune, soit le canton ou l'arrondissement où les maladies avaient été observées. Les mêmes maladies étaient dénommées d'une façon différente dans un département, dans un arrondissement et dans d'autres. Les descriptions des maladies manquaient, ou étaient très-écourtées dans certains rapports, alors que leurs signes insolites auraient nécessité des détails très-circonstanciés, très-utiles; ou ces descriptions étaient très-développées, surabondantes même, lorsqu'il s'agissait de maladies vulgaires, très-fréquentes, comme la morve, le farcin, la clavelée, la gale, le piétin, etc., etc., par exemple. Les causes, le point capital à élucider, étaient à peine indiquées d'une manière générale dans la plupart des rapports. Il y était facile de constater que des études nécessaires à la détermination des influences morbifiques de toute nature n'avaient pas été faites avec soin. Souvent on ne trouvait aucune trace de statistique ; et, quand les colonnes des tableaux contenaient quelques renseignements à cet égard, ces renseignements n'avaient pas de valeur le plus ordinairement ; il était facile de s'apercevoir qu'ils manquaient de bases solides. Si on indiquait les proportions des animaux morts ou des animaux malades, on négligeait de dire sur quel nombre d'animaux portait l'observation. Les colonnes consacrées au traitement, soit préventif, soit curatif, ne contenaient souvent que des notions peu étendues, peu précises, partant, peu instructives, alors qu'elles auraient dû être remplies du résultat des tentatives faites en vue de préserver du mal ou de le détruire. Les renseignements les moins incomplets ont été ceux qui étaient relatifs à l'usage que l'on a pu faire des animaux guéris, des animaux morts et des animaux abattus, et aussi à la simple mention des mesures de police sanitaire qui ont été prescrites en vertu des lois, décrets, arrêtés ou règlements ; mais il est dit peu de choses sur la manière dont ces mesures ont été appliquées ; seulement, dans beaucoup de rapports, on retrouve cette remarque judicieuse, à savoir : *que les mesures sanitaires qui étaient prescrites et exécutées dans un département n'avaient souvent pas d'efficacité, parce que les mêmes mesures avaient été négligées dans les départements voisins, d'où les foyers de contagion revenaient incessamment.* Il arrivait de là qu'un relâchement dans l'application des mesures avait lieu, et que la maladie se propageait faute de précautions promptes, qui auraient dû émaner d'un pouvoir central dominant celui des préfets, les préfets agissant à leur guise, et souvent d'une manière très-différente dans leurs circonscriptions respectives.

Les rapports disposés en tableaux ont été rédigés, pour la plupart, dans les bureaux des préfectures, à l'aide de renseignements provenant de sources diverses.

J'ai déjà dit qu'ils étaient très-variés dans leurs dispositions ; j'ajouterai que les rédacteurs de ces tableaux n'ont pas tous utilisé de la même façon les éléments qui avaient été mis à leur disposition ; les uns en ont tiré un assez bon parti ; les autres en ont usé de manière à les rendre d'aucune utilité et tout à fait insignifiants.

Quelques-uns de ces tableaux ont été rédigés par des vétérinaires, qui les ont signés ; ce sont les meilleurs à beaucoup près, mais ils sont loin, malgré cela, de remplir le but que s'était proposé le Ministre dans ses circulaires. Il est facile de se convaincre que les vétérinaires, auteurs de ces tableaux, n'avaient pas les éléments nécessaires, puisqu'ils disent qu'ils n'ont pas visité tous les animaux malades, notamment au début des maladies régnantes ; que beaucoup de ces animaux avaient été soignés par des empiriques qui, au lieu d'éteindre l'épizootie, ou l'enzootie par les moyens divers, les propageaient ou, au moins, ne les empêchaient pas de s'étendre ou de persister, et qu'ainsi il leur a été impossible de réunir tous les documents qui doivent permettre de répondre aux demandes contenues dans les circulaires, tant qu'on ne leur fournira pas les moyens d'étudier convenablement et utilement les maladies sur lesquelles ils sont chargés de donner des renseignements.

Il y a quelques préfets qui ont répondu aux circulaires en adressant seulement des rapports de vétérinaires, soit sur l'état sanitaire général des départements, soit sur des enzooties ou des épizooties inaccoutumées, graves, qui avaient régné dans le courant de l'année. Quelques-uns de ces rapports sont terminés par un tableau qui les résume. Ces rapports, quelquefois au nombre de quatre à cinq par département, sont de très-bons documents, des documents évidemment plus instructifs que les tableaux, puisqu'ils contiennent des détails très-utiles sur les causes et sur le traitement, les deux points les plus essentiels. Mais ces rapports étendus seraient très-difficiles à résumer, s'ils n'étaient pas terminés par des tableaux analogues à ceux qu'ont provoqués les deux circulaires. Aussi le mieux serait de prier les préfets de demander aux vétérinaires chargés de fournir les documents des rapports très-circonstanciés, en double expédition, dont une resterait à la Préfecture et l'autre serait adressée au ministre.

Enfin, parmi les documents que j'ai analysés, j'ai constaté que deux préfets, celui de la Somme et celui du Morbihan, ont adressé au ministre des exemplaires des comptes rendus des *travaux des conseils d'hygiène*, où il est fait mention très-sommairement des principales maladies enzootiques ou épizootiques qui ont régné dans ces départements. Ces documents sont intéressants.

En dépouillant les 326 rapports des préfets envoyés au ministre relativement aux enzooties et aux épizooties qui ont pu régner en France pendant les années 1864-1865-1866-1867-1868, j'en ai trouvé un certain nombre ou il était dit qu'il n'avait régné ni enzootie, ni épizootie dans les départements d'où émanaient ces rapports, pendant l'année courante. Cette mention est-elle bien l'expression de la réalité? Ce n'est guère probable. Ce qui l'est bien plus, c'est que les enzooties ou les épizooties qui ont dû régner dans ces départements n'ont pas été dénoncées aux préfets. Il n'est guère possible d'admettre que tout un département ait été exempt d'enzootie quelconque dans le cours d'une année. Cette opinion doit être admise dans la circonstance dont il s'agit ici, car j'ai constaté, après avoir lu les rapports relatifs aux départements limitrophes de ceux où l'on a dit ne pas y avoir eu d'épizootie, que, dans ces rapports, se trouvaient mentionnées des maladies qui se propagent plus ou moins loin, et qu'une simple ligne fictive de démarcation n'arrêterait pas. Donc si les rapports n'ont signalé aucune enzootie dans quelques départements, c'est parce que ces départements n'ont pas été bien surveillés, bien inspectés, ce qui ne m'étonnerait pas du tout; car il n'existe généralement pas de service vétérinaire organisé dans ces départements, ou du moins, il n'en existait pas il y a quelques années, à une époque où, par suite d'une circulaire du ministre, en date du 12 juin 1862, l'administration centrale, par les réponses des préfets à cette circulaire, pût connaître quels étaient les départements où il existait un *service vétérinaire administrativement constitué*.

Le dépouillement de l'enquête faite par le ministre auprès des préfets a appris quel était l'état des ressources dont pouvaient disposer ces préfets pour rémunérer les vétérinaires qu'ils chargeaient de missions diverses en vue des enzooties et des épizooties, et aussi pour appliquer les mesures de police sanitaire. Il n'y a pas deux départements où ces ressources soient les mêmes. Si elles ont des analogies entre elles, c'est par la parcimonie qui existe dans la rémunération des services que l'on demande aux vétérinaires, ainsi que l'on pourra en juger en jetant un coup d'œil sur le tableau analytique dont il va être bientôt question, et qui résume tous les documents fournis par les préfets. Cette circonstance suffirait à elle seule pour expliquer le peu d'intérêt que présentent, en général, les documents. Pour avoir une grande valeur, ces documents devraient être le résultat d'investigations nombreuses bien suivies, *obligatoires*, de la part d'un nombre suffisant de vétérinaires assez *bien salariés* pour pouvoir consacrer un temps nécessaire, non pas seulement à remplir les missions que leur confient les autorités dans les cas où des enzooties ou des épizooties se sont déjà déclarées depuis plus ou moins longtemps, mais à rechercher de toutes les manières, par des visites fréquentes dans toutes les localités d'une circonscription déterminée, les maladies enzootiques ou épizootiques qu'ils découvriraient ainsi dès l'origine de ces maladies, et dont ils pourraient, par conséquent, arrêter la propagation. Dans l'état actuel des choses, il est bien reconnu que l'intervention des vétérinaires est presque toujours tardive, et partant, peu efficace; elle n'a lieu souvent que lorsque le mal est arrivé, et pour le constater. Les vétérinaires sont généralement pauvres ; leur profession n'étant pas protégée par une réglementation légale, comme l'est la profession des médecins ; ils ne peuvent pas être comparés aux médecins des épidémies, qui, en compensation des services qu'ils rendent quelquefois sans rétributions bien élevées, et même sans rétribution aucune, ont des *droits exclusifs d'exercice consacrés par une loi.*

La question des enzooties et des épizooties, cette immense question d'*intérêt général,* qui fait partie de l'ensemble des règles fondées par l'homme, règles qui constituent la civilisation, n'a donc pas été prise suffisamment en considération par les organisateurs de la société humaine, par les civilisateurs, qui se sont occupés de choses beaucoup moins importantes au bonheur du genre humain, car il est de toute vérité que les animaux domestiques sont indispensables aux besoins et au bien-être de l'homme civilisé.

Si ce que j'ai exposé a particulièrement rapport à ce qui se passe en France, je puis affirmer que, malheureusement, beaucoup d'autres contrées ne sont pas pourvues de services sanitaires vétérinaires perfectionnés. Ce qui est arrivé en Hollande et en Angleterre, notamment, à l'occasion du typhus contagieux des bêtes à cornes, le prouve surabondamment. Là, comme chez nous, dans la plupart des cas d'enzootie ou d'épizootie, les mesures organisées ont été tardives. Et si, chez nous, le typhus n'a pas produit beaucoup de ravages, c'est en grande partie parce que, dans le département du Nord, où il s'est montré d'abord, il préexistait exceptionnellement un service vétérinaire organisé, dont les membres, dévoués à leur profession et aux intérêts publics, ont généreusement agi, quoique leur rétribution, de fixe qu'elle était en 1844, soit devenue éventuelle plus tard, par suite d'une décision du Conseil général,

Le danger une fois signalé à l'administration centrale, cette administration a cherché et a trouvé les moyens de le conjurer en demandant ces moyens à la science et aux hommes qui la représentent et qui l'appliquent avec intelligence et résolution. On a agi ; le danger a disparu, a cessé.

Il est à craindre que les choses ne se fussent pas passées aussi heureusement dans les départements où il n'existe pas de service vétérinaire, et il y a un grand nombre de ces départements. Il est évident aussi que si, dans la plupart des États de l'Allemagne, il n'existait pas de service médical vétérinaire, le typhus serait venu nous visiter un grand nombre de fois.

Je vais apporter à l'appui de ce que je viens d'exposer sur l'état actuel des moyens employés en France pour étudier les enzooties et les épizooties, dans le but de les prévenir et de les faire cesser, l tableau analytique des documents qui, pendant les cinq dernières années, ont été recueillis par les préfets de tous les départements.

Dans la composition de ce tableau analytique, j'ai fait tous mes efforts pour reproduire sommairement et aussi *fidèlement* que possible chacun des trois cent vingt six documents que j'ai eus à ma disposition. Ce n'est qu'une réduction, pour ainsi dire, de ces documents, avec toutes leurs imperfections, avec tous leurs défauts de forme et de fond. J'ai voulu mettre sous les yeux du lecteur le résumé des renseignements qu'avait pu obtenir l'administration par les moyens qui avaient été employés jusqu'alors. Voici mon travail, qui a exigé beaucoup de temps et beaucoup de peine. (Voir le tableau ou plutôt la série de tableaux analytiques, qui sera publiée à part, parce qu'elle formera un fascicule d'un format bien différent de celui de la brochure.)

Ce travail était indispensable pour bien démontrer que le but si louable que s'était proposé le ministre n'a pu être atteint par les seules ressources dont il pouvait disposer. Peut-on arriver à ce but par des voies nouvelles? Nous pensons que la réponse doit être affirmative ; et nous allons chercher à le prouver.

Si, dans chaque canton, ou, au moins, dans chaque arrondissement, ou encore dans une circonscription quelconque, bien déterminée, composée de plusieurs cantons, il y avait un vétérinaire *suffisamment rétribué* par un traitement fixe, on réunirait facilement les documents dont on aurait besoin. Les fonctionnaires ne manqueraient pas, et les fonctions, telles difficiles et telles exigeantes qu'elles fussent, seraient accomplies, surtout s'il y avait un vétérinaire dans chaque canton. Le titre officiel dont serait qualifié le vétérinaire, et les émoluments, quand même ils ne seraient pas élevés, lui donneraient une position acceptable, qui exciterait son zèle et qui le rendrait bientôt apte à remplir les fonctions qui lui seraient confiées. Ce serait alors que l'on aurait chaque année, et à *tous les instants*, si on le désirait, tous les renseignements possibles sur tout ce qui intéresserait la question des enzooties et des épizooties qui règneraient dans tous les points de la France. C'est alors, *et seulement alors*, que l'on ne verrait plus de ces lacunes si regrettables que j'ai constatées dans les rapports des préfets.

Les négligences si préjudiciables dans l'application des mesures sanitaires, et surtout dans l'opportunité de cette application, ne se reproduiraient plus. Tant que les services vétérinaires seront *facultatifs* sous le rapport de leur rétribution, de leur organisation et de leur fonctionnement, comme de leurs attributions, on n'obtiendra rien de bien efficace. Les maladies enzootiques et les maladies épizootiques, qui sont contagieuses pour la plupart, sont comparables à des bandes de brigands qui infestent un pays. Si ce pays se compose de circonscriptions indépendantes les unes des autres, et n'ayant pas de moyens de surveillance et de répression semblables, dont ne puisse pas disposer à la fois un même pouvoir, les brigands poursuivis énergiquement dans des circonscriptions bien surveillées, se réfugieront dans celles qui sont moins bien gardées et où le mode de défense ne sera pas le même et ne sera pas mis à la disposition d'une autorité centrale ; ils iront porter la dévastation dans ces contrées pour revenir un peu plus tard faire de nouvelles tentatives et de nouvelles victimes dans celles d'où ils avaient été chassés, surtout si la surveillance n'y est pas permanente et convenablement organisée.

Ainsi, par exemple, le typhus, ou toute autre maladie très-contagieuse, apparaît dans un département où un service vétérinaire est bien organisé, *bien rétribué*, c'est-à-dire, où il y a un vétérinaire par canton avec des appointements de 200 à 300 fr., un vétérinaire par arrondissement avec des appointements de 500 fr. et un vétérinaire de département avec des appointements de 1000 fr., chaque vétérinaire étant chargé d'inspecter les foires et marchés et de surveiller en général les animaux de la circonscription; le typhus, dis-je, apparaît dans ce département; n'est-il pas indubitable qu'au bout de très-peu de temps les mesures sanitaires prescrites par des lois ou par des règlements seront appliquées vite et efficacement dans tout le département? mais si des détenteurs d'animaux suspects, ou même d'animaux malades, savent que dans les départements voisins il n'existe pas de service vétérinaire, dont tous les membres aient un très-grand intérêt à remplir leurs fonctions; si, comme cela a lieu dans beaucoup de contrées, les départements circonvoisins n'ont pas du tout de service vétérinaire, ou n'ont qu'un vétérinaire désigné, agréé, rétribué ou non rétribué par les départements, ces détenteurs ne manqueront guère de diriger leurs animaux vers les localités où ils sauront qu'il n'y a pas de surveillants compétents et spécialement chargés de rechercher les animaux atteints de maladies contagieuses. Le mal se propagera ainsi chez le voisin désarmé, puis reviendra de nouveau frapper à la porte du département qui a fait tous les sacrifices possibles pour s'en débarrasser.

La supposition que je viens de faire est devenue une réalité dans bien des circonstances; *les rapports que j'ai examinés le constatent; ils constatent malheureusement aussi que cet état de choses a produit fréquemment du découragement chez les habitants qui avaient fait des efforts pour déraciner l'épizootie dans les contrées qu'ils habitaient, et qui étaient bientôt envahies de nouveau par des animaux malades provenant d'un département voisin* ou de contrées plus ou moins éloignées dans lesquelles les mesures de police sanitaire avaient été négligées, faute de surveillance.

Cet argument, *que je ne puis trop faire valoir*, est d'une grande importance pour justifier la nécessité de l'institution dont je viens de parler.

L'unité dans cette institution est indispensable; d'abord, pour les raisons que je viens d'exposer ; puis, surtout, pour atténuer les inconvénients, tant de fois signalés avec juste raison, attachés aux mesures de police sanitaire sous le rapport des entraves apportées au commerce des animaux.

Quoique les entraves apportées au commerce par l'application des mesures sanitaires soient gênantes, et que l'on doive chercher à les diminuer le plus possible, *elles n'en sont pas moins quelquefois* INDISPENSABLES DANS L'INTÉRÊT GÉNÉRAL. Le cantonnement, la séquestration, même l'assommement avec indemnité, sont de première nécessité dans certaines circonstances ; tout le monde est d'accord sur ce point. Les animaux qui sont l'objet de ces moyens de préservation n'appartiennent pas toujours au même département, quand une épizootie se déclare dans une contrée; le contraire arrive souvent. Or, pour appliquer ces mesures, il faut autre chose que le concours d'un préfet et d'un service vétérinaire départemental institué fréquemment d'une manière très-variée par les préfets. Le pouvoir d'un préfet ne s'étend que jusqu'à la limite de son département. Il arrive alors que l'Administration centrale est obligée ou de consulter les préfets des départements où s'étend l'épizootie, pour obtenir d'eux la désignation de vétérinaires, ou d'envoyer des vétérinaires de son choix, étrangers aux contrées infectées. S'il n'y a pas dans tous ces départements des services vétérinaires bien organisés, les préfets se trouvent fort embarrassés, tandis que si un service était constitué d'avance dans tous les départements, le ministre pourrait nommer de suite une commission très-compétente, composée de vétérinaires *fonctionnaires* toujours à sa disposition et connaissant très-bien les contrées respectives à surveiller, parce qu'ils les auraient parcourues presque chaque jour en faisant leur clientèle. Ces vétérinaires connaîtraient les dispositions des localités, les relations qui existent entre les propriétaires d'animaux, les besoins et les habitudes de ces propriétaires par rapport à la conduite des troupeaux, par rapport à l'exploitation de leurs terres, ce qui faciliterait singulièrement la détermination des limites des cantonnements, de la séquestration. On pourrait ainsi *atténuer les inconvénients des obstacles au commerce dont je parlais plus haut.* Les vétérinaires cantonaux obtiendraient des renseignements très-facilement et sans contraintes rigoureuses, ni désagréables, des gens qu'ils connaîtraient de longue date, quand il s'agirait des recherches, des études sur la maladie régnante, renseignements qui pourraient bien être refusés à des vétérinaires étrangers au pays par les habitants des campagnes, ordinairement très-défiants, très-soupçonneux.

Il est donc indispensable, non-seulement qu'il y ait une bonne organisation dans un service vétérinaire départemental quelconque, pour que ce service soit réellement utile; mais aussi, il est de toute nécessité que, dans les cas d'épizootie, les services vétérinaires d'un grand pays comme la France soient tous *organisés de la même manière* et mis à la disposition d'un pouvoir central, qui puisse faire agir un plus ou moins grand nombre de membres de ces services en même temps.

Cette unité de moyens contre le développement et la propagation des épizooties devrait exister pour tout l'univers, si cela était possible, et j'espère qu'il en sera ainsi un jour. Le germe de cette idée s'est déjà manifesté dans les congrès vétérinaires internationaux, en attendant une sanction des divers peuples. L'idée elle-même est appliquée en partie par l'institution de conventions internationales entre divers pays, qui sont appliquées par des médecins, en cas de fléaux épidémiques, par une commission internationale unique, qui est le pouvoir central dont j'indiquais la nécessité tout à l'heure.

Mais il ne s'agit aujourd'hui que de proposer ce qu'il y a d'abord à faire en France pour prévenir et combattre les maladies enzootiques et les maladies épizootiques, qui causent souvent des pertes considérables. Il s'agit de savoir si l'on ne peut pas améliorer les moyens que l'on a employés jusqu'à ce jour.

La première condition de tout succès est de connaître les maladies le mieux possible. Pour cela, il faut étudier ces maladies, il faut les observer dans leurs marches si variées selon une infinité de circonstances dépendantes des influences propres aux contrées où elles règnent. Ce point est capital. Les vétérinaires devront y apporter toute leur attention, et ne pas se borner à consigner des documents vulgaires ; ils devront rechercher avec grand soin et avec tous les éléments qu'ont mis à leur disposition les enseignements si élevés et si complexes donnés dans les Écoles vétérinaires. Par conséquent, ils ne devront rien négliger de ce qui a rapport à l'influence des météores, de la composition et de la disposition des terres et des eaux de la contrée ; des productions culturales, des divers modes d'alimentation, des habitations, du travail, etc., etc. Le concours d'un très-grand nombre d'observateurs est donc indispensable ; puis, il faut que les observateurs, répandus aussi uniformément que possible dans le plus grand nombre de points, *soient mis dans l'obligation* de visiter et d'observer les animaux malades, et de rendre compte de leurs recherches, qui doivent porter sur les caractères, sur la nature de la maladie ou des maladies régnantes, sur les causes de tous genres qui les produisent ; enfin, sur les moyens de les prévenir et de les guérir. De là la nécessité d'instituer dans des circonscriptions déterminées, pas très-étendues, des vétérinaires rétribués, qui seraient aux ordres des autorités, et qui appliqueraient IMMÉDIATÈMENT toutes les mesures sanitaires, de quelque genre qu'elles fussent. Ce point est *capital.*

Qu'a t-on fait jusqu'à présent pour connaître les maladies enzootiques et les maladies épizootiques ? On a exhorté les vétérinaires, d'une manière générale, à étudier ces maladies ; on leur a promis quelquefois des encouragements, des récompenses ; on a donné des prix ; on a cherché à fonder des Sociétés scientifiques, des comités mixtes d'hygiène et de salubrité dont faisaient partie des vétérinaires ; on a invité les préfets, par des circulaires ministérielles, à recueillir le plus de documents possible ; on a même de temps en temps donné des missions à des savants pour aller étudier certaines épizooties graves. Tous ces soins si louables ont certainement eu de bons résultats ; mais ces résultats ont-ils été complétement satisfaisants ? Non évidemment. Le bien qu'ils ont produit n'a été que partiel. Que de contrées ont été privées de ces diverses sources de lumières, et *surtout de l'application* utile et efficace des connaissances acquises, c'est-à-dire, du remède qui avait coûté tant de peine à chercher. A quoi servent les trésors, si on les laisse inactifs ?

Voyons ce qui arrive le plus souvent en réalité, quand viennent à surgir des maladies enzootiques ou des maladies épizootiques.

Une de ces maladies apparaît dans une contrée où il n'y a pas de vétérinaire chargé officiellement et *obligatoirement* de rechercher les maladies contagieuses, pour les étudier et pour les combattre ; non-seulement cette maladie se développe sans obstacle, parce qu'on n'a rien fait pour aller au devant des causes ; mais encore elle se propage avec d'autant plus d'activité qu'il y a un plus grand nombre de malades à la fois. Ce n'est que lorsque le mal est à son comble que l'on a recours aux vétérinaires, non pas encore immédiatement, puisqu'il en manque dans beaucoup de contrées ; les propriétaires s'adressent aux maires, les maires aux sous-préfets ; les sous-préfets aux préfets. C'est seulement alors que les préfets agissent avec les ressources que le conseil général a mises à leur disposition, ressources presque toujours insuffisantes, tant à cause des minimes sommes portées au budget départemental que par le manque de vétérinaires dans la contrée où règne la maladie. Puis, dans un assez grand nombre de départements, il n'y a qu'un vétérinaire auquel on alloue un traitement. Le préfet, averti par le sous-préfet, envoie donc le vétérinaire départemental, qui, en général, est très-mal rémunéré, sur les lieux où sévit l'épizootie, lieux souvent très-éloignés du chef-lieu de la préfecture. Lorsque le vétérinaire arrive, il apprend que la maladie existe depuis plus ou moins longtemps ; que la plupart des animaux ont été traités par les empiriques et les sorciers ; qu'aucune mesure sanitaire n'a été employée. On lui cache autant qu'on le peut les animaux qui sont encore malades. Comme il a intérêt à rester éloigné de chez lui le moins de temps possible, en raison de sa faible rémunération et de ses besoins, il parcourt à la hâte le pays, qu'il ne connaît pas ; il n'a, par conséquent, pas le temps d'étudier la maladie ; il néglige ainsi le principal élément qui mène à la découverte des causes des maladies enzootiques ou épizootiques ; et il part avec les simples renseignements qu'on a bien voulu lui donner. Ce qu'il apprend de plus exact, c'est le nombre des morts, parce que les propriétaires d'animaux espèrent obtenir une indemnité des pertes qu'ils ont faites. S'il prescrit un traitement ou des moyens préventifs quelconques, il ne peut pas surveiller leur application ; puis il fait un rapport sur sa mission, et le préfet prend dans ce rapport les documents très-brefs et très-incomplets qu'il adresse au ministre.

Si ce que je viens d'exposer arrive dans les départements où un vétérinaire départemental a un traitement annuel, que doit-il se passer dans ceux où il n'y a aucune disposition arrêtée d'avance en vue de combattre des enzooties ou des épizooties qui pourraient se déclarer? Il est facile de le prévoir ; mais malheureusement on ne le sait pas assez. Les renseignements que fournissent les préfets à cet égard sont insuffisants. Ce n'est évidemment pas parce que le préfet a annoncé au ministre, dans son rapport annuel, qu'aucune enzootie ou épizootie n'a régné dans son département, qu'il est réel que les choses se sont ainsi passées ; pour moi, cela veut dire, le plus souvent, je le répète, que les enzooties et les épizooties n'ont pas été déclarées aux préfets ; car il est de remarque que ce sont les départements où il y a des services assez bien organisés, composés de vétérinaires nombreux, actifs, intelligents, studieux, qui, d'après les rapports que j'ai analysés, sont signalés comme ayant été atteints du plus grand nombre d'enzooties et d'épizooties.

On ne pourrait s'assurer d'une manière complète de l'état sanitaire de la France, je ne puis trop le dire, que par des inspections sévères, *obligatoires*, faites par des vétérinaires fonctionnaires également répartis dans toute la France, et qui devraient nécessairement faire partie des *commissions cantonales* de statistique déjà instituées pour fournir des renseignements divers sur les enzooties et les épizooties, comme sur le nombre des individus *existants* des différentes espèces d'animaux. La statistique des animaux malades et des animaux morts devrait être dans les attributions forcées des vétérinaires faisant partie des services sanitaires obligatoires. Ces fonctionnaires si utiles devraient être chargés en même temps, avec le concours des maires, du *dénombrement général* de tous les animaux. Les statistiques n'auraient de valeur que par cette manière de procéder, qui permettrait en même temps de comparer le nombre des animaux malades et des animaux morts au nombre total des animaux existants. Pour savoir au juste le nombre des animaux morts, il faudrait trouver le moyen de faire déclarer à la mairie la mort de tous les animaux : on compléterait, de cette façon, les documents de première importance, qui manquent à la statistique de la France, ainsi que le prouve le passage suivant de la *Statistique de la France* (agriculture) publiée en 1868, page 58.

« *Nous négligerons, faute de documents entièrement dignes de foi,* « *l'étude des appréciations des commissions sur la mortalité naturelle* « *des animaux.* »

Les vétérinaires fonctionnaires cantonaux seraient très-utiles aussi pour établir les rapports d'âge et de sexe des diverses espèces d'animaux de ferme.

Non-seulement les résultats obtenus par ce moyen seraient exacts, mais on arriverait ainsi à *multiplier les vétérinaires et à les répartir convenablement* sur tous les points de la France, ce que l'on n'obtiendra pas autrement, puisqu'on refuse de réglementer par une loi l'exercice de la médecine vétérinaire, seul et unique moyen d'éteindre l'empirisme, la plaie des campagnes, notamment dans les cas d'enzootie et d'épizootie, qui sont bien plus fréquents qu'on ne le pense.

Enfin, les vétérinaires cantonaux salariés devraient être chargés de faire des *conférences* au chef-lieu de canton, ou successivement dans les communes, sur des questions d'hygiène, ainsi que cela a été demandé par quelques préfets. Ces conférences, qui devraient avoir lieu les dimanches ou les jours de foire, seraient à la fois profitables aux habitants et aux vétérinaires, qui inspireraient ainsi plus de confiance de la part des cultivateurs et des possesseurs d'animaux en général.

Pour justifier l'organisation d'un service médical vétérinaire comme je le comprends, il suffirait d'estimer le bien qui résulterait de cette organisation, et de comparer ce bien aux dépenses qu'elle nécessiterait. Malheureusement, il manque un des principaux éléments de la solution exacte du problème, c'est la connaissance très-approchée des pertes réelles annuelles en argent, par suite de mort naturelle des animaux. Mais je crois que le bon sens et le raisonnement suppléeront à cet élément, qu'il aurait été si facile d'obtenir depuis longtemps, depuis 1813, par exemple, si l'on eût appliqué dans tous les départements le décret du 15 janvier de cette époque, en le vivifiant par des prescriptions sévères et pressantes de la part des autorités administratives, prescriptions qui auraient fort bien pu être suivies sans qu'elles eussent pu être taxées de mesures vexatoires, parce qu'il eût été facile de les justifier en faisant comprendre qu'elles étaient commandées par l'*intérêt général.*

Les habitants n'auraient d'ailleurs rien à redouter de la surveillance de la part du vétérinaire des épizooties de leur canton, qui n'aurait pas besoin, dans les cas les plus ordinaires, de pénétrer de force dans les habitations pour savoir ce qui s'y passe. Le vétérinaire, en habitant la contrée et connaissant tout le monde, pourrait appliquer les mesures sanitaires avec le plus de succès, sans causer de désagréments, ni, par conséquent, de vexations.

Ce décret de 1813 disait qu'il pouvait y avoir dans chaque département, *si le préfet le jugeait utile*, un médecin-vétérinaire résidant au chef-lieu du département, avec un traitement annuel de 1,200 francs, et un maréchal-vétérinaire par chaque arrondissement, avec un traitement de 800 francs. Si l'on eût mis au nombre des attributions des vétérinaires nommés l'obligation de faire connaître, chaque année, le nombre des animaux morts dans sa circonscription, et d'indiquer autant que possible la cause de la mort, les vétérinaires auraient bien trouvé le moyen de remplir la mission qui leur était confiée. J'indiquerai tout à l'heure celui qui me paraît le meilleur et qui avait été déjà recommandé. (Je ferai remarquer, en passant, que l'on a déjà confié à des médecins, en Amérique, le soin de faire le dénombrement de la population.) Les seules données que l'on possède, en France, sur le nombre moyen annuel des têtes d'animaux enlevées par les maladies, les accidents ou la vieillesse, se trouvent dans la *Statistique de la France*, publiée par Son Excellence le Ministre de l'agriculture, du commerce et des travaux publics ; et encore, ces données, n'étant relatives qu'aux *chevaux, mulets, ânes, bœufs et moutons*, quoique, d'après la statistique de 1862, il existait 67,709,231 têtes de *chèvres, porcs et volailles*, valant 369,689,991 francs, sans y comprendre ni les abeilles, ni les chiens, qui ont encore une assez grande valeur, puisque les 2,426,578 ruches existantes ont été estimées 32,687,824 francs. Les chiens n'ont été ni estimés ni dénombrés, et cependant ce sont des animaux assez utiles et ayant une valeur assez grande.

Les chevaux, mulets, ânes, bœufs, moutons, au nombre de 45,982,903, ont été estimés 4,166,338,671 francs.

Il existait donc, en 1862, *113,692,134 têtes* d'animaux valant *4,536,028,672 francs*, sans compter ni les vers à soie, ni les abeilles, ni les chiens, ni les porcs, ni les chèvres.

En 1862, le nombre moyen annuel des pertes, sur les 45,982,903 chevaux, mulets, ânes, bœufs et moutons, a été, d'après la statistique officielle, 1,996,482 têtes, savoir :

Chevaux, mulets, ânes...	132,122	(3.63 pour 100), valant	4,331,034 fr.
Bœufs..................	332,097	(2.67 pour 100), valant	6,251,854 fr.
Moutons..............	1,532,263	(5.53 pour 100), valant	29,109,852 fr.
		TOTAL...	39,692,748 fr.

Le total général des *pertes en argent*, pour chevaux, ânes et mulets, bœufs et moutons, a donc été, en 1862, de *39,692,740 francs.*

La statistique de 1852, dix ans auparavant, avait donné un résultat assez différent.

Les chevaux, mulets, ânes, bœufs et moutons étaient au nombre de 50,617,951, et la perte, en nombre de têtes, avait été de :

Chevaux, mulets et ânes.....	178,186	(1.90 pour 100).
Bœufs....................	292,362	(2.90 pour 100).
Moutons..........	2,561,804	(7.66 pour 100).

La perte en argent, qu'il aurait été facile de calculer, a nécessairement été proportionnelle au nombre de têtes.

Les résultats comparatifs entre les deux époques, par rapport à l'existence et à la mortalité, sont :

1852.

Chevaux, mulets, ânes, bœufs et moutons........	50,617.951 têtes.
— — — — —	3,131,353 morts.

1862.

Chevaux, mulets, ânes, bœufs et moutons........	45 982,903 têtes.
— — — — —	1,996,996 morts.

Ainsi, il y aurait eu 6.18 pour 100 de morts en 1852
et................ 4.34 — — en 1862.

Cette différence entre deux époques si rapprochées est bien grande pour qu'il n'y ait pas lieu de craindre quelques erreurs graves dans le dénombrement, soit des animaux vivants, soit des animaux morts de maladies. On ne trouve, en outre, aucune notion sur les causes de mort, ce qui importait le plus, au point de vue de l'hygiène générale et des moyens curatifs.

Puis, les enquêtes ne disent rien de la mortalité par suite de mort naturelle des chèvres, des porcs, des chiens, des lapins, des volailles, des abeilles et des vers à soie.

Des renseignements exacts, ou au moins très-approximatifs, sur les causes et sur l'importance de la diminution de la fortune publique seraient cependant d'un immense intérêt; car les pertes pour causes de mortalité sont très-grandes. On vient de voir que pour les chevaux, les mulets, les ânes, les bœufs et les moutons, *seulement*, elles se sont élevées, en 1862, à *39,692,740* francs, et qu'elles ont été d'un tiers en sus, à peu près, en 1852, ce qui les a portées au moins à 52,923,653 francs pour cette année 1852, sans compter les pertes provenant de la mort naturelle des porcs, des chèvres et des volailles d'abord, dont la valeur à l'état de santé des animaux a été estimée 369,680,991 francs ; puis, sur les pertes provenant des vers à soie, des abeilles et des chiens.

Y a-t-il des moyens d'obtenir ces renseignements? Oui, et je les ai déjà signalés : c'est la présence dans chaque canton d'un vétérinaire chargé *obligatoirement* de les recueillir, avec le concours, *obligatoire* aussi, des maires.

J'insiste sur la condition de l'*obligation*, parce que c'est la source du résultat désiré. Comment obtenir cette obligation, cette contrainte si indispensable?

Par une *loi*, et seulement par une *loi* qui ne laisserait plus les préfets libres d'organiser ou de ne pas organiser un service vétérinaire dans les départements respectifs qu'ils administrent. Il ne faudrait pas renouveler la faute qui a été commise par le décret impérial du 15 janvier 1813, lequel décret laissait aux préfets *la faculté* d'instituer ou de ne pas instituer de service vétérinaire; car il arriverait que, comme aujourd'hui, un bon nombre de départements seraient privés de services vétérinaires convenablement organisés.

Si l'on se récriait sur la nécessité d'une loi, j'emprunterais au docteur Simplice un paragraphe d'un article qu'il a publié relativement à l'utilité d'une *loi* sur la question des nourrices et des nourrissons. (*Journal de l'Union médicale*, 30 octobre 1869, page 636.) Je dirais avec lui : « Pourquoi une loi... ?

« C'est ma conviction que, sans une loi, on ne fera rien d'utile ni de « durable. On l'a bien senti pour des questions d'une gravité moindre « assurément. On a fait une loi contre.... *les sévices infligés aux ani-« maux.* »

Je veux revenir sur la nécessité qu'il y aurait à donner des appointements aux vétérinaires des enzooties et des épizooties.

Sans nul doute pour moi, on n'arrivera jamais à obtenir les services si avantageux et si importants que peuvent rendre les vétérinaires au point de vue de la conservation des animaux domestiques qu'en rémunérant ces services. Les vétérinaires, je veux le répéter encore, ne sont pas en général assez fortunés pour consacrer *gratuitement* le temps nécessaire à l'accomplissement de la mission qu'ils devront remplir, mission complexe, laborieuse et pénible, qu'il ne faut pas comparer à celle des médecins des épidémies ou à celle des médecins faisant partie des conseils d'hygiène publique et de salubrité, lesquels conseils ne fonctionnent pas très-régulièrement, ni, par conséquent, très-utilement ; ce qui tient à ce que les médecins, qui en sont les membres plus nécessaires, ne sont pas payés, ou ne reçoivent au moins pas des jetons de présence ; et cependant les médecins, plus nombreux que les vétérinaires, et ayant à soigner un moins grand nombre d'individus que les vétérinaires, sont protégés par une loi qui, je veux le redire encore, les garantit contre la concurrence des empiriques, et qui leur permet ainsi de recevoir des honoraires plus élevés.

La rémunération des vétérinaires qui appartiendraient à un *service sanitaire administrativement organisé*, serait peut-être, à défaut d'une réglementation légale de leur profession, le seul moyen d'augmenter le nombre des vétérinaires, bien insuffisants, comme on le sait, et de répartir convenablement, chose bien utile, ceux qui existent aujourd'hui dans les diverses contrées, puisqu'il devrait y en avoir un par canton pour que le service fût complet.

Les sommes nécessaires à cette rémunération devraient être comprises dans le budget de l'État; parce que, s'il était décidé que les vétérinaires cantonaux seraient payés sur le budget départemental, il y aurait tout lieu de craindre qu'ils ne reçussent qu'un traitement insuffisant variable, et qui pourrait même être refusé par le conseil général. Que l'on cherche, et l'on verra si dans le budget de l'État il n'y a pas des sommes consacrées à des dépenses moins utiles que celle qui serait nécessaire pour rétribuer les membres d'un service vétérinaire bien organisé; les dépenses qu'occasionnent les courses de grande vitesse, par exemple, dépenses qui pourraient bien être payées par des associations. J'ai calculé que le service vétérinaire ne coûterait que 800,000 francs par an, somme qui n'est pas très-élevée, quand on la compare à l'importance de l'institution. Puis, il y aurait à retrancher de cette somme celle qui est déjà consacrée par les départements aux services des épizooties et des enzooties; puis encore les dépenses occasionnées par les inspections des foires et marchés et des viandes de boucherie. J'évalue ces dernières sommes approximativement à 250,000 francs; ce ne serait donc qu'un surplus de dépenses de 550,000 francs pour toute la France, et encore cette dernière somme est probablement dépensée en frais de déplacement, qui seraient nuls selon mon projet.

La loi pourrait stipuler, du reste, qu'une caisse destinée à rétribuer un service général vétérinaire serait créée au ministère de l'agriculture et du commerce, et serait alimentée : 1° par une subvention de l'État ; 2° par une subvention des départements ; 3° par une subvention des communes, dans des proportions déterminées.

Tout ce que l'on pourra faire en dehors de cette organisation obligatoire et légale ne produira rien d'efficace, les sommes que l'on dépensera seront perdues ou à peu près, comme cela est arrivé déjà partout où des semblants de services vétérinaires ont été institués en vue de combattre les enzooties et les épizooties, et d'obtenir en même temps des documents indispensables à une statistique vraie et profitable. *Qui veut la fin veut les moyens.* Les demi-mesures, en pareille circonstance, sont plus nuisibles qu'utiles, parce qu'elles donnent des résultats qui trompent et qui inspirent une confiance souvent dangereuse.

Le dépouillement des documents recueillis par les préfets au moyen des ressources dont ils disposent aujourd'hui fournit la preuve de ce que j'avance. Ces documents ne permettent en aucune manière d'en tirer des conséquences utiles, et ils démontrent que les tentatives isolées, avortées et tout à fait insuffisantes, n'ont abouti à rien de sérieux.

Les vétérinaires qui font partie des conseils d'hygiène publique et de salubrité, institués par l'arrêté rendu le 18 décembre 1848, ont pu fournir quelques renseignements relativement à l'État sanitaire des populations en général; mais je demande de quelle importance ont été ces renseignements à l'égard des enzooties et des épizooties. J'ai compulsé un assez grand nombre des comptes-rendus des conseils d'hygiène publique et de salubrité, et je n'ai rien trouvé qui puisse faire atteindre le but que devrait se proposer l'administration centrale en ce qui concerne les enzooties et les épizooties. Ces conseils, par arrêté du ministre de l'agriculture et du commerce, en date du 15 février 1849, devaient être composés de 10, 12 ou 15 membres, selon les besoins, dans les chefs-lieux de département ou d'arrondissement ou même de canton, dans les proportions suivantes :

NOMBRE DES MEMBRES.	MÉDECINS.	PHARMACIENS.	VÉTÉRINAIRES.
10	4	2	1
12	5	3	1
15	6	4	2

L'institution des conseils d'hygiène publique et de salubrité est très-louable; mais je ne pense pas, quoique des vétérinaires fassent partie de ces conseils, qu'ils puissent être d'une grande utilité au point de vue des moyens de prévénir et de faire cesser les enzooties et les épizooties, alors même que l'on parviendrait, ainsi qu'en manifeste le désir l'arrêté ministériel du 18 décembre 1848, à créer des commissions *cantonales* gratuites d'hygiène publique et de salubrité.

Cependant, si l'institution spéciale de services vétérinaires organisés tels que je les ai indiqués, c'est-à-dire de manière à ce qu'ils puissent être réellement utiles et efficaces, n'était pas consacrée par une loi, il faudrait au moins, ou modifier le *décret constitutif* du 18 décembre 1848, ou mieux rendre un autre décret spécialement destiné à l'institution de *services vétérinaires* qui seraient des *conseils d'hygiène vétérinaires* fonctionnant à côté des conseils d'hygiène publique et de salubrité.

Ce décret, en déterminant nettement les attributions multiples et importantes des membres des conseils d'hygiène vétérinaire, pourrait engager les membres des conseils généraux des départements à accorder des rétributions raisonnables aux vétérinaires chargés du service.

L'organisation et les attributions des conseils d'hygiène vétérinaire devraient être en grande partie modelées sur celles contenues dans le décret du 18 décembre 1848 ; les obligations imposées aux membres devraient être seulement plus étendues. Ces membres devraient nécessairement *faire partie des commissions de statistique cantonale*, déjà instituées, parce qu'eux seuls peuvent donner certains renseignements réellement utiles relativement à la mortalité des animaux et aux *causes de cette mortalité*. Dans l'un et l'autre mode de constitution de services vétérinaires, c'est-à-dire, dans le cas où ces services seraient institués par une loi qui ferait de leurs membres de vrais fonctionnaires salariés, ou dans le cas où un simple décret instituerait un service vétérinaire gratuit pour toute la France, l'organisation du service devrait être la même.

Cette organisation devrait être telle : 1° Qu'il y aurait un vétérinaire titulaire par canton et résidant au chef-lieu de canton; il serait qualifié de *vétérinaire cantonal;* 2° qu'un vétérinaire domicilié au chef-lieu d'arrondissement aurait le titre de *vétérinaire d'arrondissement ;* 3° qu'un vétérinaire résidant au chef-lieu de préfecture aurait le titre de *vétérinaire départemental ;* 4° enfin, qu'il y aurait auprès du ministre un conseil central d'hygiène vétérinaire ou une commission des épizooties dont les membres, au nombre de cinq, au moins, demeureraient à Paris.

Le *vétérinaire cantonal* aurait pour mission : 1° De rechercher les maladies enzootiques et les maladies épizootiques qui se développeraient dans sa circonscription ; 2° d'assister, par conséquent, à tous

DÉPARTEMENT D______________

ARRONDISSEMENT D______________

(1) CANTON D______________

Année 18____

Rapport de M.______________, vétérinaire, demeurant à ______________

DÉNOMINATION DES MALADIES (2).	ESPÈCES OU CATÉGORIES DES ANIMAUX.													CAUSES DES MALADIES.	MOYENS PRÉVENTIFS.	MOYENS CURATIFS.	OBSERVATIONS.
	CHEVAUX.	ANES.	MULETS.	BŒUFS.	MOUTONS.	CHÈVRES.	PORCS.	CHIENS.	LAPINS.	VOLAILLES.	VERS A SOIE.	ABEILLES. [illegible]					

(1) S'il y avait des communes ou des localités plus particulièrement atteintes par les maladies, il faudrait les indiquer à la colonne des observations et noter ce que l'on a observé de plus intéressant. Dans le cas où l'espace consacré aux observations ne suffirait pas, on transcrirait le [illegible] plus des renseignements sur le verso du tableau.

(2) Dans le cas où la maladie ne serait pas bien caractérisée et où une dénomination simple ne pourrait pas la désigner suffisamment, il serait indispensable de décrire cette maladie dans la colonne des observations en termes succincts, et de lui donner une dénomination quelconque à [illegible] colonne des causes des maladies. Il y aura le plus grand intérêt à suivre toujours le même ordre dans la place que l'on donnera, dans cette colonne, aux maladies les mieux connues et à caractères peu variables; cela facilitera beaucoup la rédaction du rapport général qui sera adressé chaque [illegible] envoyé au Ministre. On devra suivre l'ordre suivant : 1° la rage; 2° le typhus contagieux d'origine orientale; 3° les affections charbonneuses; 4° le charbon essentiel, le charbon symptomatique; 5° les affections typhoïdes; 6° l'anasarque aiguë; 7° le coryza gangréneux; 8° la péripneumonie con[illegible] [illegible] lopineuse; 9° les affections pléthoriques enzootiques (coup de sang, mal de sang); 10° les affections anhémiques (aglobulie); 11° les avortements enzootiques; 12° la phthisie tuberculeuse; 13° la pommelière; 14° l'ostéomalacie; 15° la diphthérie (le croup); 16° le pissement de sang (hématurie [illegible] [illegible] zootique); 17° le saignement de nez (épistaxis enzootique); 18° les affections catarrhales enzootiques (l'influenza, la grippe); 19° les affections rhumatismales; 20° la goutte enzootique; 21° la gourme; 22° la maladie des chiens; 23° l'ophthalmie enzootique; 24° la fluxion périodique des yeu[illegible] 25° le diabète aqueux (la pisse); 26° la morve et le farcin; 27° la maladie du coït; 28° les affections charboniques (la dysenterie); 29° les affections éruptives pustuleuses (le horse-pox, le cow-pox, la clavelée, la variole du porc, du chien, du dindon); 30° les affections éruptives vésiculeuses [illegible] 31° les affections éruptives bulleuses (fièvre aphtheuse, cocotte, [illegible]); 32° la paraplégie enzootique; 33° le [illegible] lombaire; 34° les maladies de la peau avec ou sans épizoaires (la gale, etc.); 35° les maladies de la peau avec ou sans cryptogames; 36° le piétin; 37° la [illegible] 38° la limace; 39° les maladies vermineuses (la cachexie aqueuse, le tournis, la ladrerie, la trichinose, etc.); 40° les maladies des volailles; 41° les maladies des vers à soie; 42° les maladies des abeilles. — *Le numéro d'ordre ci-dessus indiqué devra toujours précéder la dénomination de la maladie* [illegible]

les marchés et foires ; 3° d'inspecter les animaux et les viandes destinés à la consommation ; 4° de provoquer et *de faire l'application* des lois et des règlements sanitaires et des mesures prescrites par l'autorité locale ; 5° d'étudier avec soin et sous tous les rapports les maladies régnantes, surtout les *causes diverses* et le *traitement de ces maladies ;* 6° d'établir le dénombrement exact des animaux domestiques, vivants et sains, par espèce, ainsi que celui des morts, aussi par espèce, en déterminant la valeur de ces animaux ; 7° de rendre compte au vétérinaire d'arrondissement, à la fin de chaque année, par un rapport très-circonstancié, du résultat de la mission qui lui avait été confiée, rapport qui devra être *résumé par un tableau* dont le *cadre sera toujours exactement le même pour toutes les circonscriptions* cantonales de l'empire.

Ce tableau devrait être dressé selon le modèle ci-joint, dont les dimensions devront être au moins triplées. (Voir ce modèle.)

Ce tableau ne serait qu'une copie des rapports et des tableaux des vétérinaires cantonaux, qui devrait être adressée aux vétérinaires d'arrondissement, l'original devant rester entre les mains du vétérinaire cantonal, qui en *ferait collection dans un registre.* Ces documents ainsi conservés avec tous leurs développements pourraient être consultés au besoin avec grand avantage dans beaucoup de circonstances, et notamment en cas d'enzooties et d'épizooties meurtrières et d'un caractère insolite. Les *vétérinaires d'arrondissement* dépouilleraient ces rapports et en feraient une analyse dans un nouveau rapport, moins étendu, *enregistré* comme le premier, ainsi que le tableau récapitulatif des résumés cantonaux ; ils enverraient une copie de ce résumé aux *vétérinaires départementaux.*

Ces derniers, à leur tour, dépouilleraient les rapports des vétérinaires d'arrondissement et les analyseraient pour adresser ensuite au *conseil central d'hygiène vétérinaire* une copie de leur résumé, sous forme de rapport et toujours avec un tableau récapitulatif absolument disposé comme cela est indiqué plus haut.

Ces documents devraient nécessairement être remis, avant tout, aux sous-préfets et aux préfets, qui en prendraient connaissance et qui se chargeraient de les expédier à leur destination respective, c'est-à-dire aux préfets d'une part et au ministre d'une autre part. Avec de pareils documents, rien ne serait plus facile au conseil central d'hygiène que d'exposer au ministre, chaque année, l'état sanitaire des animaux domestiques de tout l'empire. La méthode à suivre pour dresser les tableaux récapitulatifs est indiquée dans une note au bas des cadres imprimés du tableau. Si les vétérinaires titulaires veulent bien suivre cette méthode, qui n'exigera pas, du reste, une grande peine, le travail final du conseil central se fera avec la plus grande facilité et en très-peu de temps, dans un temps infiniment moins long que celui que j'ai mis pour analyser et résumer les documents informes et peu intéressants, pour la plupart, du moins, qui ont été adressés au ministre en 1864, 1865, 1866, 1867 et 1868. Alors seulement, on aura des documents sérieux, qui diront à la fois exactement combien il a existé d'animaux sains vivants, combien il en est mort naturellement, quelle a été la valeur des uns et des autres, quelles ont été les causes présumées de la mortalité et quels moyens on a employés ou que l'on aurait dû employer pour remédier à ces causes, moyens qui deviendraient évidemment de plus en plus efficaces par suite d'études plus suivies, qui seraient le résultat infaillible des recherches *obligées* que feraient les vétérinaires organisés comme il a été exposé plus haut.

La réunion de tous ces documents constiturait des archives d'un immense intérêt. Quelques récompenses accordées aux vétérinaires qui feraient le mieux stimuleraient le zèle des moins empressés.

Aujourd'hui, le nombre des vétérinaires qui exercent leur profession (il y en a beaucoup qui l'ont abandonnée, parce qu'elle ne les faisait pas vivre), est à peu près le même que celui des cantons ; mais les vétérinaires ne sont pas répartis de manière à ce qu'il y en ait un dans chaque canton. *Cela n'empêcherait pas de chercher à organiser immédiatement le service tel que je l'ai proposé,* parce que l'on pourrait charger provisoirement un seul vétérinaire d'inspecter plusieurs cantons voisins, en attendant la venue d'un vétérinaire dans le canton qui en manquerait. Le vétérinaire chargé d'inspecter plusieurs cantons devrait recevoir autant de fois la rétribution cantonale qu'il surveillerait de cantons.

Le moyen de rétribuer les vétérinaires titulaires est la condition la plus difficile à remplir, je le sais ; mais on trouvera ce moyen dès que l'on sera bien convaincu que l'institution dont il vient d'être parlé est l'unique voie qui puisse mener au but que se sont proposés tous ceux qui ont cherché à multiplier et à conserver les animaux domestiques. Le meilleur moyen, je l'ai déjà dit, serait une *loi* qui, en instituant l'organisation du service vétérinaire, accorderait des appointements, à tous les membres de ce service qui deviendraient ainsi des *fonctionnaires*.

J'ai aussi dit que les fonds nécessaires au payement de ces appointements devraient être inscrits au budget de l'État comme *dépenses d'intérêt général*, ou pris dans une caisse spéciale subventionnée à la fois par l'État, par les départements et par les communes.

D'après les considérations qui précèdent, il est évident que l'on peut formuler les propositions suivantes :

1° Les animaux domestiques constituent une partie très-notable (près de cinq milliards) de la fortune publique ; ils sont presque indispensables à la vie de l'homme et nécessaires à son bien-être ;

2° L'homme a donc un grand intérêt à savoir multiplier et conserver ces animaux ;

3° Une science tend à atteindre ces deux buts : c'est la *médecine vétérinaire ;*

4° Les causes de la mort naturelle sont les maladies, et notamment les maladies enzootiques et les maladies épizootiques qui, presque toujours, se propagent par voie de contagion, soit immédiate, soit médiate ;

5° Il est reconnu qu'à l'aide des connaissances médicales on peut diminuer la mortalité, soit en guérissant les malades, soit en prévenant ou en faisant cesser les causes de maladies ;

6° Plus les connaissances médicales seront étendues et solides, plus souvent elles seront appliquées utilement, et sur un plus grand nombre des animaux malades, moins il y aura de mortalité ;

7° Il y avait tout lieu de penser : d'une part, que les personnes dépourvues de connaissances médicales, loin de pouvoir guérir, aggraveraient l'état des malades, si elles administraient des remèdes contr'indiqués ; puis, d'une autre part, qu'elles pourraient être la cause passive de la mort, en s'abstenant d'employer à temps les moyens salutaires; il y avait encore lieu de craindre, en cas de maladies contagieuses, que l'ignorance de ces personnes les fissent se méprendre sur l'existence de maladies qui auraient exigé immédiatement des mesures de police sanitaire; les faits sont venus témoigner des dangers que fait courir l'exercice de la médecine vétérinaire par les empiriques et par les charlatans;

8° Il faut en conséquence chercher le moyen de multiplier les vétérinaires le plus possible et de les répartir de manière à ce qu'il y en ait au moins un par canton, afin que tous les points de l'Empire puissent être surveillés *utilement*, sous le rapport des enzooties et des épizooties surtout;

9° Le meilleur moyen serait une *loi* qui instituerait un service d'hygiène vétérinaire rétribué par l'État et composé d'autant de vétérinaires qu'il y a de cantons. Ces vétérinaires auraient le titre de *vétérinaires cantonaux* et résideraient aux chefs-lieux de canton.

Un des vétérinaires cantonaux de chaque arrondissement et étant domicilié au chef-lieu de l'arrondissement, aurait le titre de *vétérinaire d'arrondissement*.

Un des vétérinaires cantonaux de chaque département et habitant le chef-lieu du département aurait le titre du *vétérinaire départemental*.

Cinq vétérinaires au moins, résidant dans la capitale, feraient partie d'une commission et auraient le titre de *membres de la commission des enzooties et des épizooties*.

Chaque vétérinaire cantonal serait chargé :

A. De surveiller l'état sanitaire de sa circonscription, et, en cas de maladie contagieuse, en cas d'enzootie ou d'épizootie, dont il aurait eu connaissance d'une manière quelconque, d'en prévenir l'autorité compétente, afin de provoquer l'application des mesures sanitaires prescrites par les lois, arrêts ou règlements.

B. D'assister à toutes les réunions où l'on rassemblerait des animaux, comme aux foires et aux marchés.

C. D'inspecter les animaux vivants et les viandes destinées à la consommation alimentaire.

D. De recueillir tous les éléments nécessaires à une statistique exacte du nombre et de la valeur des animaux domestiques vivants, des animaux sains et des animaux malades, avec indication des maladies, des animaux *morts naturellement*, avec indication de l'importance des pertes occasionnées par ce genre de mort, et enfin, avec indication des causes de mort et des moyens qui ont été employés pour prévenir cette mort.

E. De rédiger, à la fin de chaque année et, au plus tard, avant le 15 janvier de l'année suivante, un rapport très-circonstancié, très-explicite, terminé par un tableau récapitulatif *d'un modèle uniforme* pour toute la France, et rendant compte de la mission qui lui a été confiée, rapport qui devra être écrit sur un registre déposé à la mairie du chef-lieu de canton et dont une copie devra être adressée aux sous-préfets, qui la fera remettre à un vétérinaire habitant le chef-lieu d'arrondissement et qui aura le titre de *vétérinaire d'arrondissement*.

F. De faire des conférences publiques et gratuites sur l'hygiène le plus souvent qu'il pourra.

Le vétérinaire d'arrondissement aura pour mission d'analyser les rapports particuliers des vétérinaires cantonaux, de les résumer, avec quelques détails cependant, dans un nouveau rapport, toujours avec un tableau récapitulatif terminal du *modèle uniforme* adopté pour les vétérinaires cantonaux. Ce rapport consigné dans un registre déposé à la sous-préfecture, sera adressé en copie par l'entremise du sous-préfet au préfet, qui remettra cette copie au vétérinaire domicilié au chef-lieu du département et qui aura le titre de *vétérinaire départemental*, lequel, à son tour, sera chargé de dépouiller tous les rapports des vétérinaires d'arrondissement, et de les résumer dans un autre rapport très-substantiel, et toujours terminé par un tableau récapitulatif semblable à celui que devront fournir les vétérinaires cantonaux. Enfin une copie de ce rapport des vétérinaires de département, dont l'original restera à la préfecture, sera adressé, avant le 1er février de chaque année, par les préfets, au ministre, qui les transmettra à la COMMISSION CENTRALE DES ENZOOTIES ET DES ÉPIZOOTIES, laquelle, après examen scrupuleux, pourra au moins, et *seulement alors*, rendre compte au ministre de l'état sanitaire et de l'importance de la population animale relativement au nombre, à la valeur des animaux et aux pertes occasionnées par la mort naturelle de ces animaux. La commission utilisera aussi les documents sérieux bien recueillis sur tous les points de la France, en constatant l'état de la science sur des questions controversées et en proposant, s'il y a lieu, de nouvelles mesures sanitaires basées sur les enseignements que lui auront fournis les documents qui auront été mis à sa disposition par le ministre et qui constitueront des archives extrêmement précieuses. Que de questions d'un immense intérêt, comme la contagion de la morve chronique, la contagion de la péripneumonie épizootique du gros bétail, l'inoculation sinon préventive, du moins *atténuative*, de la péripneumonie, la contagion du charbon par virus volatil, la spontanéité de la rage, etc., qui ont été ou qui sont encore controversées, auraient été résolues vite, si un service vétérinaire bien organisé eût été institué depuis longtemps. Que de pertes par suite de la contagion de la morve et du farcin, par exemple, on eût évitées!

10° Les membres fonctionnaires du service vétérinaire devraient être nommés par le ministre de l'agriculture et du commerce, parce qu'il ne s'agit pas seulement d'intérêts divisibles, particuliers à une contrée, à un département, par exemple, mais bien *d'intérêts généraux*; car les enzooties et les épizooties ne s'arrêtent pas devant les limites cadastrales des départements; elles sont souvent communes en même temps à plusieurs départements voisins; il est donc indispensable que tous les membres du service vétérinaire soient sous l'autorité directe du ministre, pour que le ministre puisse prendre des mesures d'ensemble. C'est une organisation de gendarmerie et de sûreté générale qu'il faut; la décentralisation, qui est si désirable dans une infinité de cas, serait préjudiciable dans cette circonstance; ce qui s'est passé jusqu'à présent le prouve bien.

Pour éviter des réclamations et des plaintes des vétérinaires qui ne seraient pas nommés membres du service par le ministre, la loi pourrait stipuler que les nominations auraient lieu sur la présentation des préfets, qui auraient préalablement pris l'avis des membres des conseils généraux.

11° Si la manière de procéder dont je viens de parler relativement à l'institution d'un service vétérinaire général, la seule réellement bien profitable, bien efficace et pratique, n'était malheureusement pas adoptée, il faudrait encore tenter une organisation par un décret analogue à celui du 18 décembre 1848, qui a institué les conseils d'hygiène publique et de salubrité. Ce décret consacrerait l'organisation du service vétérinaire qui vient d'être indiqué, avec ses attributions et son mode de fonctionner; mais les membres nommés consentiraient à remplir leurs fonctions à titre gratuit, ou du moins ne pourraient être rétribués qu'à l'aide des fonds départementaux et du consentement des conseils généraux qui, dans ces derniers temps, n'ont généralement pas paru bien disposés à accorder des traitements, même des traitements minimes, à quelques vétérinaires chargés par les préfets de missions analogues à celles que nous voudrions voir confiées à tous les membres du service vétérinaire institué par une loi.

Il sera à craindre malheureusement que beaucoup de membres, quoique honorés d'un titre, ne consentent pas à remplir gratuitement des fonctions qui, pour être fructueuses, exigent beaucoup de peine et beaucoup de temps; et alors le service pourra n'être organisé que sur le papier, et ne fonctionnera que très-mal.

Malgré ces tristes remarques, nous n'en conseillons pas moins de provoquer le décret et, lorsqu'il sera rendu, d'inviter, par des circulaires, les préfets et les conseils généraux à employer tous les moyens possibles pour qu'il puisse être appliqué utilement. A cet effet, il faudra le recommander chaudement en faisant comprendre que, par son application sérieuse et complète, on pourra seulement éviter ou au moins atténuer les pertes énormes qui résultent de la non-application des moyens nécessaires, pour étudier, pour prévenir ou combattre les enzooties et les épizooties; cela excitera peut-être les préfets et les conseils généraux à consacrer des sommes qui puissent faire fonctionner *obligatoirement* tous les membres du service vétérinaire qui serait organisé par le décret.

Je sais que, dans ce travail, j'ai peut-être répété trop souvent les mêmes idées et les mêmes arguments ; mais j'ai voulu, par cette manière de faire, donner plus de force à ces idées et à ces arguments en les mettant plusieurs fois sous les yeux de mes lecteurs, afin qu'ils s'en pénètrent mieux.

1637 Paris. — Typographie de Renou et Maulde, rue de Rivoli, 144.

www.ingramcontent.com/pod-product-compliance
Lightning Source LLC
LaVergne TN
LVHW050501160826
845677LV00003B/882

* 9 7 8 2 3 2 9 6 6 5 7 4 0 *